# 国家标准管理办法

中国标准出版社

北京

**图书在版编目（CIP）数据**

国家标准管理办法 / 国家市场监督管理总局编 —
北京：中国标准出版社，2022.10
ISBN 978-7-5066-9972-3

Ⅰ.①国⋯　Ⅱ.①国⋯　Ⅲ.①国家标准—标准化管
理—中国　Ⅳ.① T–652.1

中国版本图书馆 CIP 数据核字（2022）第 193471 号

中 国 标 准 出 版 社 出 版 发 行
北京市朝阳区和平里西街甲 2 号（100029）
北京市西城区三里河北街 16 号（100045）

网址：www.spc.net.cn
总编室：（010）68533533　发行中心：（010）51780238
读者服务部：（010）68523946
中国标准出版社秦皇岛印刷厂印刷
各地新华书店经销

\*

开本 880×1230　1/32　印张 0.75　字数 11 千字
2022 年 10 月第一版　2022 年 10 月第一次印刷

\*

定价　12.00　元

# 目　录

# 国家市场监督管理总局令

## 第 59 号

《国家标准管理办法》已经 2022 年 8 月 30 日市场监管总局第 10 次局务会议通过，现予公布，自 2023 年 3 月 1 日起施行。

局长　罗文

2022 年 9 月 9 日

# 国家标准管理办法

（2022 年 9 月 9 日国家市场监督管理总局令第 59 号公布自 2023 年 3 月 1 日起施行）

## 第一章 总 则

**第一条** 为了加强国家标准管理，规范国家标准制定、实施和监督，根据《中华人民共和国标准化法》，制定本办法。

**第二条** 国家标准的制定（包括项目提出、立项、组织起草、征求意见、技术审查、对外通报、编号、批准发布）、组织实施以及监督工作，适用本办法。

**第三条** 对农业、工业、服务业以及社会事业等领域需要在全国范围内统一的技术要求，可以制定国家标准（含国家标准样品），包括下列内容：

（一）通用的技术术语、符号、分类、代号（含代码）、文件格式、制图方法等通用技术语言要求和互换配合要求；

（二）资源、能源、环境的通用技术要求；

（三）通用基础件，基础原材料、重要产品和系统的技术要求；

（四）通用的试验、检验方法；

（五）社会管理、服务，以及生产和流通的管理等通用技术要求；

（六）工程建设的勘察、规划、设计、施工及验收的通用技术要求；

（七）对各有关行业起引领作用的技术要求；

（八）国家需要规范的其他技术要求。

对保障人身健康和生命财产安全、国家安全、生态环境安全以及满足经济社会管理基本需要的技术要求，应当制定强制性国家标准。

第四条　国家标准规定的技术指标以及有关分析试验方法，需要配套标准样品保证其有效实施的，应当制定相应的国家标准样品。标准样品管理按照国务院标准化行政主管部门的有关规定执行。

第五条　制定国家标准应当有利于便利经贸往来，支撑产业发展，促进科技进步，规范社会治理，实施国家战略。

第六条　积极推动结合国情采用国际标准。以国际标准为基础起草国家标准的，应当符合有关国际组织的版权政策。

鼓励国家标准与相应国际标准的制修订同步，加快适用国际标准的转化运用。

第七条　鼓励国际贸易、产能和装备合作领域，以及全球经济治理和可持续发展相关新兴领域的国家标准同步制定外文版。

鼓励同步开展国家标准中外文版制定。

第八条　国务院标准化行政主管部门统一管理国家标准制定工作，负责强制性国家标准的立项、编号、对外通报和依据授权批准发布；负责推荐性国家标准的立项、组织起草、征求意见、技术审查、编号和批准发布。

国务院有关行政主管部门依据职责负责强制性国家标准的项目提出、组织起草、征求意见、技术审查和组织实施。

由国务院标准化行政主管部门组建、相关方

组成的全国专业标准化技术委员会（以下简称技术委员会），受国务院标准化行政主管部门委托，负责开展推荐性国家标准的起草、征求意见、技术审查、复审工作，承担归口推荐性国家标准的解释工作；受国务院有关行政主管部门委托，承担强制性国家标准的起草、技术审查工作；负责国家标准外文版的组织翻译和审查、实施情况评估和研究分析工作。

国务院标准化行政主管部门根据需要，可以委托国务院有关行政主管部门、有关行业协会，对技术委员会开展推荐性国家标准申请立项、国家标准报批等工作进行指导。

县级以上人民政府标准化行政主管部门和有关行政主管部门依据法定职责，对国家标准的实施进行监督检查。

第九条　对于跨部门跨领域、存在重大争议的国家标准的制定和实施，由国务院标准化行政主管部门组织协商，协商不成的报请国务院标准化协调机制解决。

第十条　国家标准及外文版依法受到版权保护，标准的批准发布主体享有标准的版权。

第十一条　国家标准一般不涉及专利。国家标准中涉及的专利应当是实施该标准必不可少的专利，其管理按照国家标准涉及专利的有关管理规定执行。

第十二条　制定国家标准应当在科学技术研究和社会实践经验的基础上，通过调查、论证、验证等方式，保证国家标准的科学性、规范性、适用性、时效性，提高国家标准质量。

制定国家标准应当公开、透明，广泛征求各方意见。

第十三条　国务院标准化行政主管部门建立国家标准验证工作制度。根据需要对国家标准的技术要求、试验检验方法等开展验证。

第十四条　制定国家标准应当做到有关标准之间的协调配套。

第十五条　鼓励科技成果转化为国家标准，围绕国家科研项目和市场创新活跃领域，同步推进科技研发和标准研制，提高科技成果向国家标准转化的时效性。

第十六条　对具有先进性、引领性，实施效果良好，需要在全国范围推广实施的团体标准，可以按程序制定为国家标准。

第十七条　对技术尚在发展中，需要引导其发展或者具有标准化价值的项目，可以制定为国家标准化指导性技术文件。

## 第二章　国家标准的制定

第十八条　政府部门、社会团体、企业事业组织以及公民可以根据国家有关发展规划和经济社会发展需要，向国务院有关行政主管部门提出国家标准的立项建议，也可以直接向国务院标准化行政主管部门提出国家标准的立项建议。

推荐性国家标准立项建议可以向技术委员会提出。

鼓励提出国家标准立项建议时同步提出国际标准立项申请。

第十九条　国务院标准化行政主管部门、国务院有关行政主管部门收到国家标准的立项建议后，应当对立项建议的必要性、可行性进行评估论证。国家标准的立项建议，可以委托技术委员会进行评估。

第二十条　强制性国家标准立项建议经评估

后决定立项的，由国务院有关行政主管部门依据职责提出立项申请。

推荐性国家标准立项建议经评估后决定立项的，由技术委员会报国务院有关行政主管部门或者行业协会审核后，向国务院标准化行政主管部门提出立项申请。未成立技术委员会的，国务院有关行政主管部门可以依据职责直接提出推荐性国家标准项目立项申请。

立项申请材料应当包括项目申报书和标准草案。项目申报书应当说明制定国家标准的必要性、可行性，国内外标准情况、与国际标准一致性程度情况，主要技术要求，进度安排等。

**第二十一条** 国务院标准化行政主管部门组织国家标准专业审评机构对申请立项的国家标准项目进行评估，提出评估建议。

评估一般包括下列内容：

（一）本领域标准体系情况；

（二）标准技术水平、产业发展情况以及预期作用和效益；

（三）是否符合法律、行政法规的规定，是否与有关标准的技术要求协调衔接；

（四）与相关国际、国外标准的比对分析情况；

（五）是否符合本办法第三条、第四条、第五条规定。

第二十二条　对拟立项的国家标准项目，国务院标准化行政主管部门应当通过全国标准信息公共服务平台向社会公开征求意见，征求意见期限一般不少于三十日。必要时，可以书面征求国务院有关行政主管部门意见。

第二十三条　对立项存在重大分歧的，国务院标准化行政主管部门可以会同国务院有关行政主管部门、有关行业协会，组织技术委员会对争议内容进行协调，形成处理意见。

第二十四条　国务院标准化行政主管部门决定予以立项的，应当下达项目计划。

国务院标准化行政主管部门决定不予立项的，应当及时反馈并说明不予立项的理由。

第二十五条　强制性国家标准从计划下达到报送报批材料的期限一般不得超过二十四个月。推荐性国家标准从计划下达到报送报批材料的期限一般不得超过十八个月。

国家标准不能按照项目计划规定期限内报送的，应当提前三十日申请延期。强制性国家标准的延长时限不得超过十二个月，推荐性国家标准的延长时限不得超过六个月。

无法继续执行的，国务院标准化行政主管部门应当终止国家标准计划。

执行国家标准计划过程中，国务院标准化行政主管部门可以对国家标准计划的内容进行调整。

第二十六条　国务院有关行政主管部门或者技术委员会应当按照项目计划组织实施，及时开展国家标准起草工作。

国家标准起草，应当组建具有专业性和广泛代表性的起草工作组，开展国家标准起草的调研、论证（验证）、编制和征求意见处理等具体工作。

第二十七条　起草工作组应当按照标准编写的相关要求起草国家标准征求意见稿、编制说明以及有关材料。编制说明一般包括下列内容：

（一）工作简况，包括任务来源、制定背景、起草过程等；

（二）国家标准编制原则、主要内容及其确定依据，修订国家标准时，还包括修订前后技术内容的对比；

（三）试验验证的分析、综述报告，技术经济论证，预期的经济效益、社会效益和生态效益；

（四）与国际、国外同类标准技术内容的对比情况，或者与测试的国外样品、样机的有关数据对比情况；

（五）以国际标准为基础的起草情况，以及是否合规引用或者采用国际国外标准，并说明未采用国际标准的原因；

（六）与有关法律、行政法规及相关标准的关系；

（七）重大分歧意见的处理经过和依据；

（八）涉及专利的有关说明；

（九）实施国家标准的要求，以及组织措施、技术措施、过渡期和实施日期的建议等措施建议；

（十）其他应当说明的事项。

第二十八条　国家标准征求意见稿和编制说

明应当通过有关门户网站、全国标准信息公共服务平台等渠道向社会公开征求意见，同时向涉及的其他国务院有关行政主管部门、企业事业单位、社会组织、消费者组织和科研机构等相关方征求意见。

国家标准公开征求意见期限一般不少于六十日。强制性国家标准在征求意见时应当按照世界贸易组织的要求对外通报。

国务院有关行政主管部门或者技术委员会应当对征集的意见进行处理，形成国家标准送审稿。

第二十九条 技术委员会应当采用会议形式对国家标准送审稿开展技术审查，重点审查技术要求的科学性、合理性、适用性、规范性。审查会议的组织和表决按照《全国专业标准化技术委员会管理办法》有关规定执行。

未成立技术委员会的，应当成立审查专家组采用会议形式开展技术审查。审查专家组成员应当具有代表性，由生产者、经营者、使用者、消费者、公共利益方等相关方组成，人数不得少于十五人。审查专家应当熟悉本领域技术和标准情况。技术审查应当协商一致，如需表决，四分之三以上同意为通过。起草人员不得承担技术审查工作。

审查会议应当形成会议纪要，并经与会全体专家签字。会议纪要应当真实反映审查情况，包括会议时间地点、会议议程、专家名单、具体的审查意见、审查结论等。

技术审查不通过的，应当根据审查意见修改后再次提交技术审查。无法协调一致的，可以提出计划项目终止申请。

第三十条　技术委员会应当根据审查意见形成国家标准报批稿、编制说明和意见处理表，经国务院有关行政主管部门或者行业协会审核后，报国务院标准化行政主管部门批准发布或者依据国务院授权批准发布。

未成立技术委员会的，国务院有关行政主管部门应当根据审查意见形成国家标准报批稿、编制说明和意见处理表，报国务院标准化行政主管部门批准发布或者依据国务院授权批准发布。

报批材料包括：

（一）报送公文；

（二）国家标准报批稿；

（三）编制说明；

（四）征求意见汇总处理表；

（五）审查会议纪要；

（六）需要报送的其他材料。

第三十一条　国务院标准化行政主管部门委托国家标准专业审评机构对国家标准的报批材料进行审核。国家标准专业审评机构应当审核下列内容：

（一）标准制定程序、报批材料、标准编写质量是否符合相关要求；

（二）标准技术内容的科学性、合理性，标准之间的协调性，重大分歧意见处理情况；

（三）是否符合有关法律、行政法规、产业政策、公平竞争的规定。

第三十二条　强制性国家标准由国务院批准发布或者授权批准发布。推荐性国家标准由国务院标准化行政主管部门统一批准、编号，以公告形式发布。

国家标准的代号由大写汉语拼音字母构成。强制性国家标准的代号为"GB"，推荐性国家标准的代号为"GB/T"，国家标准样品的代号为"GSB"。指导性技术文件的代号为"GB/Z"。

国家标准的编号由国家标准的代号、国家标准发布的顺序号和国家标准发布的年份号构成。国家标准样品的编号由国家标准样品的代号、分类目录号、发布顺序号、复制批次号和发布年份号构成。

第三十三条　应对突发紧急事件急需的国家标准，制定过程中可以缩短时限要求。

第三十四条　国家标准由国务院标准化行政主管部门委托出版机构出版。

国务院标准化行政主管部门按照有关规定在全国标准信息公共服务平台公开国家标准文本，供公众查阅。

## 第三章　国家标准的实施与监督

第三十五条　国家标准的发布与实施之间应当留出合理的过渡期。

国家标准发布后实施前，企业可以选择执行原国家标准或者新国家标准。

新国家标准实施后，原国家标准同时废止。

第三十六条　强制性国家标准必须执行。不符合强制性国家标准的产品、服务，不得生产、销售、进口或者提供。

推荐性国家标准鼓励采用。在基础设施建设、基本公共服务、社会治理、政府采购等活动中，鼓励实施推荐性国家标准。

第三十七条　国家标准发布后，各级标准化行政主管部门、有关行政主管部门、行业协会和技术委员会应当组织国家标准的宣贯和推广工作。

第三十八条　国家标准由国务院标准化行政主管部门解释，国家标准的解释与标准文本具有同等效力。解释发布后，国务院标准化行政主管部门应当自发布之日起二十日内在全国标准信息公共服务平台上公开解释文本。

对国家标准实施过程中有关具体技术问题的咨询，国务院标准化行政主管部门可以委托国务院有关行政主管部门、行业协会或者技术委员会答复。相关答复应当按照国家信息公开的有关规定进行公开。

第三十九条　企业和相关社会组织研制新产

品、改进产品和服务、进行技术改造等，应当符合本办法规定的标准化要求。

第四十条　国务院标准化行政主管部门建立国家标准实施信息反馈机制，畅通信息反馈渠道。

鼓励个人和单位通过全国标准信息公共服务平台反馈国家标准在实施中产生的问题和修改建议。

各级标准化行政主管部门、有关行政主管部门、行业协会和技术委员会应当在日常工作中收集相关国家标准实施信息。

第四十一条　国务院标准化行政主管部门、国务院有关行政主管部门、行业协会、技术委员会应当及时对反馈的国家标准实施信息进行分析处理。

第四十二条　国务院标准化行政主管部门建立国家标准实施效果评估机制。国务院标准化行政主管部门根据国家标准实施情况，定期组织开展重点领域国家标准实施效果评估。国家标准实施效果评估应当包含下列内容：

（一）标准的实施范围；

（二）标准实施产生的经济效益、社会效益和生态效益；

（三）标准实施过程中发现的问题和修改建议。

**第四十三条** 国务院有关行政主管部门、有关行业协会或者技术委员会应当根据实施信息反馈、实施效果评估情况，以及经济社会和科学技术发展的需要，开展国家标准复审，提出继续有效、修订或者废止的复审结论，报国务院标准化行政主管部门。复审周期一般不超过五年。

复审结论为修订的，国务院有关行政主管部门、有关行业协会或者技术委员会应当在报送复审结论时提出修订项目。

复审结论为废止的，由国务院标准化行政主管部门通过全国标准信息公共服务平台向社会公开征求意见，征求意见一般不少于六十日。无重大分歧意见或者经协调一致的，由国务院标准化行政主管部门以公告形式废止。

**第四十四条** 国家标准发布后，个别技术要求需要调整、补充或者删减，可以通过修改单进行修改。修改单由国务院有关行政主管部门、有关行业协会或者技术委员会提出，国务院标准化行政主管部门按程序批准后以公告形式发布。国家标准的修改单与标准文本具有同等效力。

# 第四章 附 则

第四十五条 《强制性国家标准管理办法》对强制性国家标准的制定、组织实施和监督另有规定的，从其规定。

第四十六条 本办法自 2023 年 3 月 1 日起实施。1990 年 8 月 24 日原国家技术监督局第 10 号令公布的《国家标准管理办法》同时废止。